AF404934

DISCOURS

PRONONCÉS

DANS L'ACADEMIE ROYALE

DES SCIENCES ET BELLES LETTRES

DE NANCY,

Le jeudi 8 Mai 1760, jour de la Fête

DE SAINT STANISLAS,

A LA RECEPTION

DE M. LE M.^{IS} DE PAULMY,

ET

DE M. L'ABBÉ GUYOT,

Aumonier de M. le Duc d'Orléans & Prédicateur ordinaire de

SA MAJESTÉ LE ROI DE POLOGNE,

Duc de Lorraine & de Bar.

A NANCY,

Chez la Veuve & Claude Leseure, Imprimeurs
ordinaires du Roi, de la Société Royale, &c.

M DCC LX.

M. LE M.^{IS} DE PAULMY,

Ayant été élu par MM. de l'Académie, à son passage à Nancy, pour se rendre à son Ambassade en Pologne, vint prendre séance à l'Académie, le jeudi huit Mai 1760, & prononça le Discours qui suit.

Messieurs,

OUS êtes accoûtumés à respecter les désirs d'un Roi, plus digne encore de votre tendresse que des hommages que vous lui rendez à si juste titre ; & c'est au choix de ce Monarque que je reconnois devoir vos suffrages, & le nouveau titre d'honneur que vous venez de m'accorder. Ses bontés & votre indulgence seront toujours les seuls droits que je réclamerai dans cette Académie ; mais je ne laisserai échapper aucune occasion

A

de les réclamer. Déjà, il est vrai, les principales Sociétés Littéraires de l'Europe, n'ont pas dédaigné de m'admettre dans leur sanctuaire ; mais des occupations d'un genre différent, m'ont trop souvent privé de l'avantage de partager leurs travaux, ou du moins d'en être le témoin assidu, & de m'instruire à de si illustres Ecoles. Hélas ! M M. je peux bien moins me flatter encore de profiter de vos lumières ; je ne tiendrai peut-être à vous que par un titre ; mais ce titre me sera cher & respectable ; je m'honorerai d'avoir pour confrères, non-seulement les Membres de cette Académie étrangers à la Lorraine, ce sont les savans de l'Europe les plus distingués, les hommes du mérite le plus universellement reconnu ; mais, M M. un nouveau genre de satisfaction pour moi, c'est de tenir par quelque endroit à cette Province, patrie de tant d'hommes illustres par leurs talens; distinguée par le nombre des Maisons anciennes, & féconde en héros qui se perpétuent encore dans son sein, connuë par son zèle & son attachement pour ses Souverains, digne par-là d'être soumise à STANISLAS, & d'être destinée à devenir sujette de son Auguste Gendre. Honoré depuis long-tems, & à différens titres, de la confiance du dernier de ces Monarques ; comblé dans ce moment-ci des bontés du premier,

(5)

qui trouveroit mieux que moi, M M. dans le
fond de son cœur la matière de son éloge ?
Mais je me borne à montrer par un zèle à toute
épreuve, combien le Roi mon maître mérite
d'être adoré, & comment il doit être servi. Quant
au Prince bienfaisant qui vous gouverne, que
pourrois-je, M M. ajoûter aux traits éloquens,
vifs & brillans avec justesse, dont on vous a déja
dépeint tant de fois sa personne, & les merveilles
de sa vie & de son régne ; les derniers coups de
pinceau d'un si beau tableau, sont encore réservés
à un Militaire, * homme de qualité, ami des
lettres & des sciences, & fait pour les honorer,
Prêtre de toutes les muses, & digne de sacri-
fier dans tous leurs Temples avec le même éclat.
De combien d'autres Membres de cette Académie ne pourrois-je pas faire d'aussi justes éloges !
De pareils Confrères flattent les esprits assez bien
faits, pour reconnoître la supériorité de leurs
talens, sans les leur envier bassement. Loin de
moi un sentiment si injuste. Je vous admirerai,
quoique de loin, sans prétendre vous égaler.
J'applaudirai aux rapides progrès d'un jeune
Académicien, * qui joint aux graces du stile,
au feu & à la vivacité de son âge, la justesse des
pensées, la connoissance des hommes, le goût
des réfléxions, que l'on croyoit avant lui ne

devoir être le fruit que de l'expérience la plus suivie, & de l'étude la plus confommée. Son nom a produit des héros, il en compte une longue suite parmi fes ancêtres ; fans doute ils manifef-terent de bonne heure leurs talens militaires ; mais que ne devons-nous pas attendre pour les fciences & les lettres des fuccès de celui-ci, dans un genre plus paifible.

N'attendez donc de moi, M M. qu'une fincère reconnoiffance ; mais fans chercher en moi les grands talens d'un Académicien, foyez fûrs d'y trouver les mêmes fentimens d'admiration, de reconnoiffance & d'amour dont vous êtes pénétrés pour votre augufte Protecteur. C'eft dans fon ancienne patrie ; (car la Lorraine eft la fienne aujourd'hui,) que je porte mes pas ; tout m'y rappellera ce Prince qu'elle doit toujours fe glorifier d'avoir vû naître, & de compter parmi fes Rois : Ah ! fi j'ofe en croire mes fentimens, qui pourroit mieux que moi entretenir dans le cœur de cette nation libre, guerrière & éclairée, l'amour & le refpect que Stanislas a gravé dans tous les cœurs : Qui pourroit mieux que moi M M. lui peindre tous les détails de la vie glorieufe, paifible & fortunée du nouveau Nef-tor, qui vous éclaire & qui vous rend heureux.

M. L'ABBÉ GUYOT,

Ayant été élu par M M. de l'Académie, y vint prendre séaance, le jeudi 8 Mai 1760, & prononça le Discours qui suit.

Messieurs,

TOUT dans un état se ressent du génie du Prince qui le gouverne, tout suit son penchant, tout reçoit ses impressions & l'imite même dans ses ouvrages. Vous êtes plus faits que d'autres, M M. pour prendre les goûts de votre Prince & les suivre, pour penser avec lui, pour aimer même, si j'ose le dire, à créer, d'après ses chefs-d'œuvre ; il me semble que vous en faites sur moi l'essai, en m'associant aujourd'hui à vos travaux & à vos lumières.

Dans cet état tout a pris sous vos yeux une nouvelle forme & comme un nouvel être. Le génie puissant qui en tenoit les rênes a promené ses regards sur la face de la Lorraine. Secondé des arts utiles & agréables, il a dit aux montagnes de s'applanir, & elles ont ouvert dans leur sein des routes faciles ; il a dit au fer de s'amolir, & le fer s'est prêté docilement à toutes les formes qui pouvoient exprimer les jeux variés de la nature ; il a commandé aux marais de se dessécher, & leur sol affermi a reçu un palais enchanté, des habitations délicieuses, des jardins pleins d'art & d'agrément ; il a dit au fleuve de détourner son cours, & ses eaux se sont précipitées à l'envi, soit pour former, au sortir des canaux, le spectacle d'une architecture régulière, soit pour servir de ressort à la décoration mouvante d'un rocher.

Mais ce Prince n'a point entrepris d'exercer son génie créateur sur les esprits même. Les germes étoient préparés, & tout dans vous, M M. étoit fait pour ses grands desseins. Le suis-je également pour les vôtres ? je le souhaiterois pour vous donner dans les fruits de mon travail des expressions sensibles de ma réconnoissance, & pour justifier vos suffrages autant qu'ils me sont glorieux. Mais pour cela, il faudroit que votre choix pût produire en moi tout ce qu'il y suppose.

QUAND ce choix s'arrête ſur des hommes de génie, avantage qui vous eſt familier, ſoit par la richeſſe de cet Etat ? ſoit par le concours des étrangers les plus célébres qu'attire l'éclat de votre Société, je ſens tout ce que vous avez lieu d'en attendre. Ce génie que vous faites ainſi valoir reçoit de ſa nouvelle ſituation un nouveau reſſort.

MAIS que penſez vous, M M. en m'entendant prononcer ſur le génie ? vous n'en ſerez pas plus ſurpris que moi-même. Ma confiance m'étonne ; ce n'eſt point cependant une préſomption que me donne mon nouveau titre ; elle eſt plûtôt l'effet de la ſituation où il me place. Si je ne puis vous égaler, je veux au moins prendre vos goûts ; &, vous entretenant du génie, je vous intereſſerai tous par ce que vous êtes, ou par ce que vous aimés.

JE n'analiſe point ici les reſſources que l'homme de génie trouve dans lui-même ; il faut les ſentir pour les bien rendre ; je n'en connois que les effets. Cela me ſuffit pour ébaucher au moins une deſcription de ce qui conſtitue cette ſublime qualité de l'ame, & raiſonner ſur ſa puiſſance. Le génie n'eſt pas le même dans tous les hommes. Dans l'un c'eſt une vuë perçante dont l'horiſon ne peut être connu que d'elle-même ; c'eſt ordinairement avec cette vuë une délicate fenfibilité. Dans l'autre c'eft une imagination prefque toujours émuë jufqu'à l'enthoufiafme : fa chaleur féconde renouvelle tout ce qui exifte & donne une forte de vie à ce qui n'étoit point. Le génie eft dans d'autres une certaine activité de l'ame qui fe caractérife , foit par le merveilleux de fes productions, foit par une pénétration facile, une combinaifon précife, une chaîne foutenue, un ordre frappant.

C'est par ces différens caractères que je juge que tout homme de génie, quoique riche de fon fonds, a befoin pour le faire valoir, de certaines reffources qu'il ne peut trouver dans lui-même. Ces reffources font dans la confiance qu'on lui infpire, dans la méthode qui le dirige & dans la fituation qui le développe. Effaions de faire voir

Qu'il eft des hommes de génie qui ont befoin
d'être encouragés ,

Qu'il eft des hommes de génie qui ont befoin
d'être réglés ,

Que tout homme de génie a befoin d'une
fituation particulière pour fe développer.

En ramenant ainfi le génie & fes productions à cette jufte dépendance, en lui affociant ce qui femble même le plus éloigné de fa fphère, j'intéreffe l'amour propre de tous les hommes, & je traite le bien général de la fociété.

PREMIERE PARTIE.

LUCIEN vouloit que dans le chef-d'œuvre de Phidias on ne vît que le Jupiter, sans s'arrêter à son piédestal. C'est ainsi, sans doute, que j'envisagerois le génie, si je n'avois qu'à décrire ses merveilles. Je ne verrois que lui & je laisserois ses supports qui souvent ne le valent point. On est étonné de voir le génie chercher un appui pour s'élever. Il est en effet singulier que sa supériorité ne l'affranchisse pas toujours de cette dépendance; & quelquefois des ressorts assez communs déterminent son élévation. Je dis quelquefois, car il est plus d'un exemple de ces génies indépendans, qui, comme les grands fleuves, n'attendent point qu'on prépare le terrein qui doit les recevoir, mais savent se faire leur lit à eux-mêmes, en renversant les obstacles.

QUAND Licurgue s'éleva au milieu de Sparte, pour proposer ses loix, rien n'avoit encore fraié le chemin à sa législation. L'ambition récemment exterminée, l'autorité des Rois anéantie, la liberté proclamée, tenoient les Spartiates en garde contre toute espéce de supériorité, lorsque Licurgue leur en fit voir une dont ils ne se défioient point, & dont il leur fut avantageux de subir le joug ; ce fut celle du génie. Licurgue connut les hommes, découvrit les liens propres à les unir, amena les paffions des particuliers au bien général, en réprimant leurs excès & les détournant de leurs écarts. Il apperçut le vice des gouvernemens antérieurs à fa légiflation, il le prévint en balançant déformais ces autorités l'une par l'autre. De fes combinaifons, il fortit une république nouvelle dont il fut l'ame. On vit pour la première fois en Gréce un vafte corps fe mouvoir avec uniformité, agir avec intelligence, négliger les avantages du luxe & de l'opulence qui diftinguoient les Etats voifins, & leur commander à tous par cette harmonie des vertus fociales auxquelles les hommes ne réfiftent point.

Quand Philippe fit éclorre ces révolutions qui préparerent les fuccès d'Alexandre, tout autre qu'un génie auffi ferme eut perdu courage à la vuë des obftacles qu'oppofoient à fes deffeins les forces de Thébes qui lui étoient connuës, deux Républiques aguerries dans Athénes & Lacédémone. Mais le génie de Philippe fut faire fervir ces obftacles à fon élévation. Il démêla les intérêts refpectifs des Etats qu'il vouloit fubjuguer, il les fervit fans fe compromettre, il les divifa fans fe partager ; utile à tous en apparence ; bien-tôt

néceffaire, il maîtrifa les Grecs par les Grecs même.
Et Démofthene qui réclamoit au milieu de ces
Républiques les vertus des anciens Grecs, dont
le fouvenir s'étoit effacé, ne put prévaloir contre
un homme qui favoit connoître & mettre à
profit les foibles des modernes républicains.
Rien n'arrêta ces deux grands hommes ; mais
Licurgue & Philippe avoient une fupériorité de
confiance, comme une fupériorité de génie.

Ces deux avantages ne fe rencontrent guères
dans un même homme, que quand l'emploi en
eft d'une extrême importance à l'ordre de la
fociété. Autrement il femble que la providence
prévenant de la part de l'homme de génie, l'effet
d'une trop grande fupériorité, l'affujettit à dépendre
des autres hommes dans la plûpart de fes opérations. Je croïs entrevoir le lien de cette dépendance. Il eft, ce femble dans l'union de la
pénétration & de la fenfibilité. Ces deux qualités
s'aident réciproquement & quelquefois fe nuifent.
La fenfibilité fait du génie à l'égard de beaucoup
d'objets, comme un inftrument tendu, qui à chaque
impreffion reçoit une fenfation marquée ; ce que
le génie à fenti, il le pénétre ; en pénétrant, il
fent encore d'avantage. Ainfi s'étend la fphère des
idées, de nouvelles perfections fe développent,

un nouveau jour se léve. C'est à sa lumière que le génie essaye de travailler & de produire. Mais qu'arrive t'il ? plus il s'avance dans ces régions inconnues, plus il se trouve isolé. A chaque route, il se défie toujours d'un écart. C'est que le génie ne connoît pas toujours ses propres forces ; c'est que se comparant aux hommes qui l'environnent, il craint de se perdre lorsqu'il les dévance, il craint de sortir de la nature lorsqu'il l'embellit, il craint d'être bisarre lorsqu'il est supérieur à son siécle. C'est que les idées de perfection qui le frappent, l'entretiennent dans une défiance qui lui est particulière sur ses productions. Sans doute le génie s'allume de lui-même, comme l'éclair dans la nue ; mais, ainsi que ce feu, il peut être détourné d'un léger souffle.

Le génie qui ne vit que pour la gloire n'est que trop souvent à la discrétion de ceux qui la donnent. Le premier raïon qui avoit frappé l'ame du grand Corneille, fut d'avoir trouvé dans Richelieu un rival, lorsqu'il n'y cherchoit qu'un Mecéne. Dans un semblable conflict, un autre auroit rampé, Corneille s'éleva. Il connoissoit mieux que personne le génie du grand Richelieu. Il se crut lui-même supérieur à ses contemporains, dès qu'il s'apperçut que celui qu'il croyoit le premier de tous, daignoit être son rival. Mais la critique qui s'éleva à l'ombre du ministère, mêla quelque amertume à ses succès. Au chef-d'œuvre de Corneille, on opposa des ouvrages d'un mérite subalterne. Scipion & Roxannes furent quelque-tems aux prises avec le Cid. On rougit ensuite d'un combat trop inégal, on changea l'attaque, on chercha des armes dans ses propres découvertes, & on le combattit par lui-même. Cette querelle, ou l'on sortit plus d'une fois des bornes d'une juste modération, eut découragé ce beau génie, si le cri du peuple ne l'eut soutenu.

L'INFORTUNE Descartes n'éprouva point un pareil retour. D'abord on le vit avec étonnement renverser l'idôle du Péripatétisme qu'avoient respecté plusieurs siécles. L'Europe eut les yeux sur lui, & suivit avec empressement la rapidité de ses progrès. Il eut tous les partisans que donne la nouveauté ; il eut le suffrage des esprits qui cherchent de bonne foi la lumière ; il eut aussi ses contradicteurs & il en fut la victime. Ses découvertes devinrent, ainsi qu'à l'égard du grand Corneille, des armes contre lui. Il avoit appris à se défier de toute autorité en matière purement philosophique ; par ce principe, on se défia de la sienne ; on le jugea comme il avoit jugé Aristote,

& les tourbillons furent eux-mêmes rélégués parmi les qualités occultes. Chaque objet de sa Philosophie fut matière à fermentation ; il s'en forma plusieurs orages ; il eut même à craindre d'un zèle toujours louable dans son principe ; mais qui peut-être avoit trop alors de ce dont nous n'avons point assez aujourd'hui. Descartes finit sa vie dans une sorte de disgrace. Elle le fut pour son siécle qu'il auroit pu éclairer d'avan-tage, encore plus que pour lui. Newton fut plus heureux. Descartes avoit ouvert sa carrière dans la nuit, Newton l'ouvrit au point du jour; il la fournit presque sans contradicteurs, chéri de sa patrie, honoré de l'étranger, tranquille au sein d'une abondance méritée.

Un simple coup d'œil donné sur les Grecs & les Romains, sur les Etats qui nous environnent, sur nous-mêmes, nous apprendra ce que peut craindre le génie du despotisme qui l'écrase, du préjugé qui l'arrête, de la frivolité qui le néglige & de la jalousie qui le déconcerte. La nature n'est point épuisée, mais elle veut que nous aidions sa fécondité. Elle veut que les esprits les plus subordonnés prêtent un ministère secourable aux efforts que fait le génie pour se produire. Elle veut qu'en jugeant les hommes de génie, on use

d'une

d'une sage circonspection. Il est rare que les contemporains d'un homme de génie puissent être ses juges, s'ils ne sont génies eux-mêmes. La raison en est simple. L'homme de génie dévance par son extrême pénétration toutes les productions de son siécle. Pour l'apprétier, on n'a plus d'objets de comparaison; pour le juger, il faut donc se placer au moins au siécle suivant.

Enfin, il est dans l'ordre qu'une critique judicieuse suive la marche du génie, & soit une observation raisonnée de ses découvertes. Mais cette critique, dirigée au bien général, ne peut en être détournée par l'humeur ou la passion, sans devenir mortelle au génie. Elle doit l'exciter & non le fatiguer, l'éclairer & non l'offusquer, le mesurer & non pas l'abbattre. On traite différemment des irrégularités ou des désordres, de simples écarts ou des égaremens, des hardiesses ou des délires. C'est le cas d'appliquer cette maxime d'Horace, (a) que quelques tâches n'éclipsent point un soleil. Mais, s'il est permis de pardonner beaucoup à l'essor du génie, si l'on peut lui passer des productions défectueuses, cette indulgence ne s'étend point aux monstres qu'il peut enfanter. On peut hardiment étouffer ceux-ci, on le doit

____

(a) Horat. de Art. poët.

C

(18)

même, dit Sénéque, (*b*) *multa donanda ingeniis puto, sed donanda vitia, non portenta.* Il vaut encore mieux les prévenir, en tempérant la confiance que l'on inspire à l'homme de génie par la méthode qui le dirige.

SECONDE PARTIE.

UN homme s'annonce au dernier siécle par son amour pour *la vérité.* Sous le titre modeste de *recherche*, on découvre un génie capable de faire une révolution parmi nos Philosophes. Il charme ses lecteurs par les traits d'une imagination brillante ; il les attache par une chaîne soutenuë ; il parle à l'esprit par un tissu de raisonnemens clairs & méthodiques ; il intéresse le sentiment par sa candeur & sa bonne foi ; il transporte ses lecteurs dans ses nouvelles découvertes ; on le voit créer ses hipothéses, les assembler, les ordonner entre-elles. Elles prennent dans ses mains un corps, un air de consistance. Le Philosophe s'y méprend lui-même. Tout ce systême se réalise dans l'imagination qui l'a formé. Il n'a garde de s'en défier, lui qui interdit à ses disciples tout essor d'imagination & même tout exercice. Et, par cette illusion, des parodoxes obtiennent dans

____
(*b*) Senec. l. 5. controvers.

fon efprit le même hommage qu'il rend aux vérités du premier ordre. En le fuivant, on a peine à fe déffendre de partager fa conviction. Cependant il n'a fait que peu de profelytes, foit que la réfléxion ait révoqué fur le champ le fuffrage de l'enthoufiafme, foit parce que les paffions n'avoient rien à gagner à fon fyftême.

AUTRE écart du génie, les Monades de ce Philofophe célébre, qui perdit dans l'enthoufiafme de cette production le fruit des connoiffances les plus étenduës & les plus variées, une partie même de cette réputation qu'il avoit juftement acquife par des ouvrages d'une excellente politique. La gloire de Leibnitz n'a pas peu fouffert de la célébrité des Monades.

QUE le premier de ces deux hommes eut tourné fon génie à développer, à appliquer des vérités connuës, fans en rechercher de nouvelles en pure perte ; que le fecond plus fobre dans fes découvertes, & moins dominé par fon propre fyftême, eut été plus jaloux d'être utile que de paroître original, tous deux euffent vécu pour nous & ils n'ont vécu que pour eux.

JE ne faifis encore que le moindre inconvé-nient ; car beaucoup de ces génies ont trop vécu pour leur gloire & pour le bien de la fociété.

Leur malheur & le nôtre, est qu'ils ayent détourné à des objets sacrés, une liberté qui ne leur étoit laissée que pour des matières de pur agrément. Prétend-on pour cela que la Réligion, par exemple, & le gouvernement ne soient point du ressort du génie ? Non, M M. la plus respectable partie de l'antiquité s'éléveroit contre nous, & nous taxeroit avec raison d'ignorance ou d'ingratitude. Mais quelle fut dans eux la marche du génie ?

Dans la Réligion, orateurs ou controversistes, ils reconnurent dans la certitude des motifs de leur croyance, dans l'enchaînement des Mystères proposés à leur foi, des points fixes & inébranlables, des barrières contre tout assaut d'imagination. Il reste toujours au génie sa fonction la plus sublime, je veux dire, cette étenduë qui embrasse une multitude presque infinie d'objets, leurs rapports, leurs liaisons & leurs différences; cet amour de l'ordre & de l'unité qui, rapprochant les idées les plus éloignées en apparence, les ramêne à une forte de généalogie, & en forme la chaîne; plus conséquent en cela même qu'il rappelle tout au point dont il est parti; enfin cette expression lumineuse qui transporte aux signes toute l'énergie des conceptions, donne aux pensées leurs vraies couleurs & les place dans

leur jour. Voilà l'emploi du génie dans les Chry-
foftôme & les Auguftin , dans les Boffuet & les
Bourdalouë ; en veut-on voir l'abus ? il eft dans
Origene & dans Tertullien , lorfqu'ils ne fuivent
qu'une imagination ardente & impétueufe.

En fait de gouvernement , ce font d'autres
bornes à prefcrire ; mais ne craignons pas qu'elles
énervent la force du génie. Avant d'éclairer fes
concitoyens , il pénétrera les refforts qui les font
mouvoir , foit dans l'efpéce d'autorité qui les
gouverne , foit dans le caractère national qui les
diftingue ; il ne fe croira pas permis de toucher
à ces deux points ; il en fera plûtôt la bafe de
fa politique qui n'en fera que mieux foutenuë.
Placé dans une Monarchie, il fe gardera de vouloir
monter le peuple à ce ton d'indépendance qui ne
peut occafionner que des regrets injuftes , ou
quelquefois même un fanatifme dangéreux. Il
ira plus fûrement à fon but en intéreffant l'honneur
des particuliers , felon les conditions différentes ,
& les affociant par une exacte repartition à la
gloire de l'Etat.

Membre d'une République , il verra fes
compatriotes fous toute une autre face ; il effayeroit
peut-être envain de les flatter par des diftinctions
auxquelles il pourroit les trouver infenfibles ;

autres circonſtances, autres principes ; c'eſt au génie à les ſaiſir, à les combiner entre-eux, à en ſuivre toutes les impreſſions, à s'en émouvoir, & cette émotion pourra produire dans lui un enthouſiaſme utile à la cauſe commune. C'eſt le génie de Ciceron qui ſert admirablement la République contre les fureurs de Catilina.

C'est ainſi que l'un des plus utiles *Citoyens* (c) qui fut jamais, fit entendre ſa *voix libre* à une République dont il connoiſſoit mieux qu'un autre les reſſources comme les abus, aſſez généreux pour l'éclairer encore, après avoir renoncé deux fois à la fixer. C'eſt par cette méthode que le génie peut avoir également ſon emploi dans une Monarchie, pour en développer les reſſources, en accroître la grandeur, en réformer les abus ; & que, conciliant parfaitement les intérêts du peuple & ceux du Monarque, il démontre à tous que *l'ami des hommes* peut être un ſujet fidéle & un citoyen éclairé.

S'il ne falloit aller qu'au beau naturel, le génie, ſur-tout dans les ſujets d'agrément, pourroit ſe livrer en aveugle au ſentiment & à l'imagination ; ils l'y méneroient preſque toujours. Mais n'eſt-il

(c) La voix libre du Citoyen, ou Obſervation ſur le gouvernement de Pologne.

pas un beau de convenance ou de convention dont il eſt rédevable aux hommes, puiſque c'eſt pour eux qu'il écrit ou qu'il parle , c'eſt à eux qu'il deſtine ſes ouvrages en tout genre. Il doit chercher à leur plaire, du moins à les intéreſſer. Cette méthode ne pourroit bleſſer que ce fou d'Argos, dont parle (*d*) Horace, qui perdit à ſa guériſon les plus beaux Poëmes, & des ſpectacles raviſſans dont il étoit devenu dans ſa folie le témoin & l'admirateur imaginaire. S'il eſt encore parmi nous de ces hommes, ce n'eſt point eux certainement que le génie doit conſulter dans ſa marche.

Ce n'eſt point non plus ces hommes froids & ennuieuſement méthodiques, dont la raiſon meurtrière pour le génie ne parcourt ſes productions que le compas & l'équerre à la main, & pour quelque inégalité réprouve tout un ouvrage. Cette eſpéce de gens ne peut faire loi pour le génie, faute d'une ſenſibilité propre pour apprétier ſes chefs-d'œuvre. C'eſt donc dans les ames ſenſibles que le génie doit chercher ſa méthode; il l'y trouvera, & gagnera bien-tôt du côté de l'agrément ce qu'il ſacrifiera d'un trop grand feu.

(*d*) Hor. l. 2. Ep. 2.

Aristote avoit reconnu ce principe pour gouverner le génie dans l'émotion qu'il veut faire ressentir, ou les révolutions qu'il prétend exciter; mais sa régle trop génante en ce qu'elle adstreint le génie à une perpétuelle imitation, ne pourroit que rarement avoir son effet.

Horace l'a bien mieux connu, lorsqu'il nous a donné *le vrai*, *le décent*, comme les deux points fixes où il falloit ramener sans cesse le génie. Un seul vers exprime toute sa méthode.

(e) *Quid verum atquè decens curo & rogo, & omnis in hoc sum.*

Avant lui, Ciceron en avoit fait une loi capitale de son art, *caput artis decus.* Cet art n'est point impraticable au génie; il le rappelle à la source des émotions qu'il éprouve, à des principes qu'il trouve dans lui-même. Il ne fait que lui en prescrire une juste application.

Ainsi dans l'histoire il arrêtera une imagination impétueuse, toujours prête à s'élancer hors du sujet, à la rencontre d'un objet agréable à décrire, quelque étranger qu'il soit au fonds. Il fixera une imagination capricieuse, qui, selon qu'elle s'affecte, aggrandit ou diminue ses objets.

e) Hor, Epist, l. 1. ep. 1.

C'eſt le grand art de Tacite, qui n'exerce ſon feu que pour peindre avec force ce qu'il peut rendre avec vérité.

Dans l'éloquence, il diſtinguera les genres, & le génie dans chacun aura ſa fonction différente. On ne le verra point deshonorer le Barreau par des images burleſques, par des ſatyres picquantes, préſenter dans nos chaires une Métaphyſique déplacée, des galeries de tableaux, des figures entaſſées, une affeterie choquante, ou ſe livrer dans les Académies à un excès de panégyri-que toujours pénible à entendre. Les hommes ſupportent difficillement qu'on louë leurs pareils; & les hommes s'égaliſent toujours entre-eux ſous quelque rapport. Il eſt rare de rendre les louan-ges auſſi intéreſſantes que le ſait faire parmi vous le (f) panégyriſte du Préſident de l'Académie de Berlin, & d'animer comme lui ſes lecteurs de ſes gouts & de ſes paſſions. Ainſi le génie bien réglé ne tendra qu'à faire un bon diſcours dans les chaires, une belle piéce dans les Académies & au Barreau un plaidoyer fort & intéreſſant.

Dans la morale, l'homme de génie s'appli-quera à connoître les hommes avant de les pein-dre, à pénétrer le labyrinthe du cœur, à en ſuivre

(f) Éloge de M. de Maupertuis, par M. le Comte de Treſſan.

D

toutes les affeﬅions , en diﬅinguer les nuances
dans les diverſes ſituations , à oppoſer l'homme
à lui-même ou à lier ſes inconſéquences. Mais
pour cela , il faut ouvrir le grand livre du monde,
autrement le plus beau génie ne mettra pas plus
de vérité dans ſes caraﬅères qu'un aveugle dans
les lignes qu'il traceroit avec ſon bâton, pour
deſſiner la figure qu'il imagineroit à des gens
qu'il n'auroit point vus.

Le génie a ſans doute auſſi ſa méthode pour
les Théâtres & les différens genres de Poëſie ,
fondée ſur la différente ſenſibilité des nations ou
des perſonnes. C'eſt ici, M M. que je me crois
autoriſé à inviter avec (g) Sénéque les génies
de cet ordre à la vertu, à la décence, avec d'autant
plus de zèle que comme ils peignent plus grande-
ment , comme ils s'expriment plus fortement ,
comme ils intéreſſent plus vivement, ils ſéduiſent
auſſi plus facilement. Le génie ne devroit toucher
aux paſſions que comme le ſoleil à la terre. Ses
rayons en colorent toute la ſurface & ne ſe ter-
niſſent point par ſes influences.

Fidele à la méthode qui peut prévenir ou
reﬅifier ſes écarts, le génie n'a plus qu'à ſe livrer
aux ſituations qui le développent , troiſiéme

(g) Senec. Ep. 114.

reffource que l'homme de génie a befoin de trouver hors de lui-même.

TROISIEME PARTIE.

TOUT devient fituation pour le génie, tout aiguife fa pénétration ; & depuis l'hyfope juf-qu'au cedre, depuis la chaumière jufqu'au plus riche palais, depuis l'infecte jufqu'à l'homme, tout nourrit fon imagination. Mais toute fituation n'eft pas propre à développer fon activité, à la porter au grand, au fublime. Je fais que plus d'une fois le génie a amené d'heureux hazards, & que ces hazards ont produit d'utiles découvertes ; on a droit d'en efpérer encore. Il n'en eft pas moins vrai qu'il eft pour le génie des fituations plus ou moins heureufes, ou pour mieux dire, plus ou moins fécondes, & qui ne font point en fa puiffance. Les unes font dans une économie particulière de la providence, d'autres font abandonnées aux caufes fécondes. Ce feroit la matière d'un grand ouvrage, ce Difcours ne peut que l'effleurer.

IL eft certain que le génie dépend dans fes opérations du climat qu'il habite, de la forme du gouvernement, de la rencontre des grands perfonnages & de plufieurs événemens imprévus.

Quelle influence le ciel de la Gréce n'eut-il point fur les germes du génie qu'elle renferma dans fon fein ? un air pur & ferain embelliffoit toutes les productions de la nature ; les corps y paroiffoient d'une fraicheur douce, mais éclatante, d'une conformation exacte, mais aifée. La douceur du climat empêchoit d'imaginer ces entraves qui gênent le développement des parties du corps. Placé fi près du beau naturel, le génie s'élançoit de lui-même, d'abord à le copier, à le rendre avec aifance & facilité ; & bien-tôt enhardi par fes premières productions, il paffoit la nature, toujours en l'imitant. Elle fembloit lui avoir remis le foin d'ajoûter à fes ouvrages la pérfection qu'elle n'avoit pas voulu leur donner elle-même. Croit-on, par exemple, que l'œil d'un grand peintre accoûtumé à ne voir que des vifages mols & éfféminés, figures fans grace, attitudes gênées ou contrefaites, un terrain ingrat, un ciel fombre & pluvieux, n'inflüe pas fur fes ouvrages & que fon génie ne manque pas, fouvent fes traits, faute de voir la nature en beau ?

La nature n'a point oublié les peuples du Nord dans fa répartition des génies. Les découvertes de la poudre à canon, de l'Imprimerie, de la machine Pneumatique, de la Bouffole & quantité d'autres déposent en faveur de leur génie inventif. Mais le climat a-t'il également servi ces génies pour les productions d'agrément ? non sans doute. Une culture longue & opiniâtre n'a corrigé que peu-à-peu la stérilité du terrain. Depuis plus de deux siécles que les Allemans font des drames, ils sont encore à attendre un Corneille, un Racine, un Crébillon, un Voltaire. Le François en moins d'un siécle a franchi l'intervalle du burlesque au sublime ; & ce n'est guères que de nos jours que les Poëtes du Nord réparent par leur célébrité la lenteur de leurs progrès. C'est que le sol qui produit le chêne n'est pas toujours aussi heureux pour les arbustes & les fleurs ; & la nature chez les Allemans semble avoir planté en bois utile un grand terrain que chez d'autres nations elle a mis en parterre.

L'INFLUENCE du gouvernement sur le génie est plus forte que celle du climat ; le gouvernement fait les hommes, & c'est bien plus par eux que par des êtres inanimés que se forme le génie. Tout fait preuve de cette vérité dans la révolution des sciences & des arts.

NOUS chercherions envain dans le vaste pays de la Gréce, dans les mœurs de ses habitans, dans leur esprit, quelques traces de ces beaux siécles où cette maîtresse du monde en étoit l'oracle.

L'homme qui du fonds d'un petit Royaume vient embrafer toute l'Afie, qui ébranle avec une force invincible les Monarchies les mieux établies & fait tomber à fes pieds les couronnes, l'ame des plus grands événemens de fon fiécle, Alexandre ne produit dans les génies de la Gréce qu'un engour-diffement ftupide. Errans & fugitifs, fe banniffant eux-mêmes d'une patrie que devaftent le fer & le feu, les génies fe retirent à la Cour de Ptolomée. Mais ces plantes arrachées à leur fol, encore plus à cette liberté qui faifoit leur éclat, perdirent chaque jour de leur force. Rome plus heureufe dans fon gouvernement, récueillit dans fon fein ces refpectables reftes ; précieux germes de la grandeur qu'on vit fe développer avec éclat dans les Virgile, les Horace, les Ciceron, les Scipion, les Céfar. Mais par l'influence réciproque des génies de Rome fur fon gouvernement, ces dépouilles de la Gréce devinrent comme la robe de Déjanire fur le corps d'Hercule. Rome en fut confumée. Je veux dire que de ces génies, les uns préparerent le luxe, d'autres l'oppreffion qui devoient énerver leurs defcendans. D'Augufte à Trajan les génies dégénérerent ; leur éclat étoit à fon couchant fous l'Empire de Théodofe, la nuit vint fous Honorius.

MAHOMET parut, étranger aux sciences, comme elles lui étoient étrangères, il les anéantit par goût autant que par politique. Cependant ses mesures étoient ruinées, si dans sa marche ce génie en eut rencontré quelqu'autre porté à l'amour des arts ou de l'humanité. Devenu tout-à-coup guerrier sans avoir manié les armes, Prophête sans révélation, Docteur sans lettres, Mahomet eut échoué, si la providence eut placé dans son siécle un Turenne pour commander les Arabes, un Bacon pour les éclairer.

IL est des génies dont la vraie situation est d'être isolés dans leur sphere & qui ne regnent jamais bien, s'ils ne regnent seuls. Trente ans plus-tard, j'ai peine à croire que le génie du Cardinal de Richelieu eut eu tout son développement. Louis XIV. dictoit en maître, & Richelieu n'eut presque rien fait en second.

UN de ces génies encore plus indépendans, mais déplacé, balançoit alors les destinées de l'Allemagne que tantôt il défendoit par son habileté, & que tantôt il affoiblissoit par les manœuvres de son ambition. Walsthein que son génie venoit d'élever aux plus grands emplois, ne se crût plus à sa place tant qu'il se vit un maître. Souverain à la tête des armées, il oublia qu'il étoit né sujet & que l'essor du génie n'autorise pas toujours celui de l'ambition. Une situation qui eut rapproché Richelieu & Walsthein, eut détruit l'un par l'autre. Ces deux génies devoient agir séparément & sans aucun rapport.

Il est dans la nature des plantes ennemies, comme il en est qui se souffrent & s'entraident. Tel génie veut être placé à côté de son semblable & se développe en se rapprochant, Ciceron & Céfar, Condé & Turenne.

Tel autre se trouve par-tout à sa place. Aristide, victime quelque tems de l'ostracisme & plus encore de la jalousie de Thémistocles, éprouve toutes les situations & ne perd rien de sa grandeur. L'exil, la guerre & la paix le présentent sous plusieurs faces & ne servent qu'à développer en lui plus de ressources. Athenes qui a perdu plus que lui à l'éxiler, le rappelle; elle le voit commander avec succès ses armées dans les campagnes de Salamine, de Marathon & de Platée, regler au dedans ses concitoyens par une sage discipline, par une économie judicieuse, & plus encore par l'exemple du désintéressement le plus généreux. Le génie d'Aristide, qui se lie à toutes les circonstances du gouvernement, fait conduire une République avec les qualités d'un grand Monarque.

Je

JE ſeróis infini ſi je détaillois toutes les ſituations favorables ou contraires à l'homme de génie. Il faudroit les rechercher dans l'influence du caractère des nations ſur le génie, de leurs préjugés & de leurs erreurs, de la différence de l'éducation, de l'abondance ou du beſoin, de l'indifférence ou de la faveur des Princes.

LE génie d'Alcibiade n'étoit point fait pour ſe plier aux petites manœuvres de la cabale, aux intrigues de l'envie qui cherche de légères taches pour dégrader les talens utiles. C'étoient alors les mœurs d'Athenes qui craignoit plus l'aſcendant des grands hommes qu'elle ne ſentoit leurs ſervices. Les grands exploits d'Alcibiade ne le mirent point à l'abri de la proſcription. Banni de ſa patrie, il paſſe chez le Roi de Thrace; mais les ſervices d'un ſi grand Capitaine font ombrage à Philocles, & le génie d'Alcibiade reſte dans l'inaction. Sa vraie ſituation eut été un de ces Etats Monarchiques où le guerrier ne ſe trouve ni à la merci d'un peuple indépendant, ni à la diſcrétion d'une Cour orageuſe.

CATILINA pouvoit être un génie utile; mais, par une éducation dépravée, il devint un monſtre dans ſa république.

E

C'est une heureuse éducation qui nous a formé les Hiſtoriens de l'antiquité : ces grands génies qui apprirent à décrire les ſituations des grands hommes , en les partageant eux-mêmes. Quel avantage n'aura point pour continuer l'hiſtoire de Pologne, l'élégant Auteur (h) qui l'a ſi bien commencée, quand il atteindra aux événemens dont il fut lui-même le témoin à la ſuite d'un Maître chéri, qu'il n'a ceſſé de ſervir par ſes talens ?

C'est auſſi dans les divers encouragemens , que l'homme de génie prend, pour ainſi dire, une nouvelle ame. C'eſt aux Souverains qu'il appartient de développer le génie; ils y trouveront les plus précieuſes reſſources, ſelon qu'ils ſauront les apprétier & les mettre en valeur. C'eſt à ceux qui ſont faits pour donner le ton dans l'Etat, à ſe déclarer en faveur des hommes de génie , & à ſoutenir leur eſſor. C'eſt ainſi qu'en France, un grand Prince, * dont le nom ſeul rappelle mille traits glorieux aux arts, à l'humanité , à cet Etat une alliance qui fit autrefois ſes délices, a annoncé ce que le génie ou les talens peuvent attendre de ſa protection bienfaiſante, lorſqu'on l'a vu rechercher dans l'obſcurité la petite niéce

(h) M. le Chevalier de Solignac , Secrétaire perpétuel de l'Académie.

du célébre Lafontaine , & la venger par ſes libé-
ralités des caprices du ſort.

L'Anthologie nous dira comment la Gréce
répandoit les faveurs & les diſtinctions ſur les
arts pour les fertiliſer. Rome eut ſes encouragemens, la Lorraine..... Ici M M. je ſens votre
ſituation mieux que je ne peux la décrire. Stanislas!
quel nom pour les lettres , quel homme pour
aſſembler les génies , les placer ou les développer,
pour ſe connoître en hommes ; emploi le plus
digne du génie d'un Souverain ! Avouons auſſi
que peu de Princes ont été auſſi bien ſervis dans
leur goût. On ne raſſemble pas aiſément de ces
hommes, tels qu'il en eſt plus d'un parmi vous ,
qui réuniſſent dans un dégré éminent la gloire
des armes, le mérite des lettres, les charmes de
la ſociété , & impriment avec autant de force
que le Chef (i) de cette illuſtre Compagnie, le
plus juſte reſpect pour la naiſſance , une haute
eſtime pour les talens, & un attachement décidé
pour les qualités du cœur ; de ces hommes qui
préſentent au premier coup d'œil toutes les ſortes
de talens à célébrer , mille précieuſes qualités à
chérir , & des vertus à révérer.

(i) M. le Comte de Treſſan , Directeur de l'Académie.

Des vertus ! c'est le coup d'œil sous lequel votre Société , M M. me paroît encore plus intéressante. Formée par un Prince chrétien, & vraiment exemplaire , elle ne fera point appréhender à la Religion ses écarts ; elle saura même lui rendre ses talens précieux , ses découvertes utiles , & venger , à l'égard des mœurs , les Arts & les Lettres , des imputations dont on a tenté de les flétrir. L'attention dont vous avez honoré mon ministère à la Cour , me permet encore cette dernière expression de mon zèle.

RÉPONSE

DE

M. LE COMTE DE TRESSAN,

DIRECTEUR DE L'ACADÉMIE,

Aux Discours prononcés par M. le Marquis de Paulmy & M. l'Abbé Guyot, aux rémercimens de M. Durival, Lieutenant-Général de Police de Nancy, & de M. le Comte de Cornullier, & dans laquelle il annonce l'élection & la réception de M. de Buffon, des deux Messieurs de d'Aubenton, & de M. de Neuvillé.

Messieurs,

TANDIS que l'Allemagne en feu rétentit du bruit des armes, & voit ses campagnes incultes & ravagées; tandis qu'elle attend sa destinée du sort des batailles ; l'heureuse Lorraine célébre la Fête de son Bienfaiteur ! ses peuples accourent, ils remplissent les Temples du Dieu de paix, nos vœux les plus ardens s'élevent aux cieux, & nous demandons au Roi des Rois, de prolonger les jours glorieux & fortunés de STANISLAS.

JOURS si précieux & si chers pour nous & pour nos enfans, jours consacrés à la postérité la plus reculée par la gloire & par les bienfaits! jours calmes, férains & toujours utilement remplis, vous êtes la récompense des plus longs & des plus glorieux travaux.

TEL que l'astre qui s'éleve de l'Orient pour embellir & féconder la nature, STANISLAS s'éleva par ses vertus au milieu d'un peuple libre; son nom auguste étoit cher à sa patrie, les graces & la majesté brilloient sur son front avec la fleur de la jeunesse, l'éloquence & la vive persuasion étoient sur ses levres, la connoissance & l'amour des loix étoient dans son cœur, l'audace des héros éclatoit dans ses regards. Charles le choisit pour ami, la Pologne l'élut pour maître, & la providence toujours impénétrable, mais toujours sage dans ses décrêts, le trouva dès lors assez grand pour l'éprouver !

LES plus nombreuses vicissitudes qu'aucun Souverain ait jamais essuiées, sont les dégrés par lesquels STANISLAS s'éleve au sublime de toutes les vertus; dans tous les lieux où sa belle destinée conduit ſes pas, il ſe fait des admirateurs, il retrouve preſque de nouveaux ſujets. Le Tartare eſt adouci par la nobleſſe, les agrémens & la ſimplicité de ſes mœurs ; le Muſulman révére ſa candeur & ſon courage ; le Polonois le perd, il le rappelle une ſeconde fois ; mais la Lorraine l'obtient du ciel au moment même où l'Occident éleve au Trône des Céſars un Prince dont STANISLAS ſeul pouvoit adoucir la perte.

C'EST au ſentiment le plus tendre, c'eſt au cri général de la nation, c'eſt à la juſte reconnoiſſance à graver en traits de flâme, les bienfaits que le génie créateur de STANISLAS a répandus ſur nous. Ecoutons ces cris ; ils s'élevent du fonds des Temples, des aziles de la jeuneſſe, des tribunaux de la juſtice, du ſein des familles, & des Villages frappés par des fléaux funeſtes : Portons la vuë ſur cette Capitale, nous y reconnoîtrons de toutes parts une main active & puiſſante ; & l'étranger ſurpris ne pourra la voir ſans ſe rappeller l'idée des monumens qui décoroient Babilone & Memphis.

ET vous Muſes, qui devez à jamais célébrer ſa fête, quel prix ne retirez-vous pas des faveurs que vous lui prodiguates? Il a conſacré vos dons les plus précieux dans cette Bibliothéque publique, il les a réunis dans ce musée, pour apprendre aux hommes tout ce qu'ils doivent à vos travaux, & pour leur en faciliter l'étude.

Dépositaire de ces tréfors, puiffe cette Compagnie remplir dignement les devoirs que Stanislas nous impofa, lorfqu'il nous confacra lui-même au culte affidu des mufes laborieufes.

Objet vraiment digne de l'attention éclairée d'un grand Roi, puifque ces mufes étendent fans ceffe l'empire de la raifon, & celui que l'homme reçut de fon créateur fur tout le refte de la nature.

Par elles, nous rapprochons les tems, nous connoiffons l'origine & l'efprit des loix, nous voyons l'établiffement des Empires, nous comparons les mœurs, nous travaillons à les perfectionner. C'eft à leur fecours que nous devons l'art puiffant de multiplier nos forces; d'appercevoir, de rapprocher, d'embraffer les rapports les plus éloignés; par elles, nous acquérons prefque de nouveaux fens, nous aggrandiffons notre exiftence, tantôt en pénétrant dans l'immenfe profondeur des cieux, d'autrefois en forçant l'être le plus imperceptible à fe produire à nos regards, & à fubir nos obfervations; par elles, ce qui dans le fein de la nature paroiffoit un poifon mortel, devient une fource de vie; par elles enfin, un

fer

fer tranchant arme des mains habiles, pour com-
battre & détruire le mal dans ses plus profondes
racines, ou pour nous instruire & dévoiler à
nos regards surpris, l'admirable harmonie &
l'étonnante variété de nos organes, & de nos
ressorts. Leurs leçons savantes nous éclairent dans
la jeunesse, leurs travaux nous occupent dans
la force de l'âge, leurs dons nous consolent encore
dans le triste déclin de nos jours.

QUE l'on parcoure l'histoire des Empires
florissans, on trouvera toujours que c'est pendant
le regne des plus grands Rois, que les muses ont
été le plus honorées. On verra toujours leurs
travaux former une époque, & caractériser les
siécles les plus recommandables à la postérité.

STANISLAS leur devoit les plus heureux mo-
mens de sa vie ; il leur éléve un Temple, il le
consacre par ses écrits, il en assûre la gloire &
la durée par les Statuts qu'il nous donne, il en
ouvre le sanctuaire à la nation qu'il gouverne
en pere, & dont il connoit le génie inventeur ;
il y appelle ceux qu'il s'est depuis long-tems
soumis par l'admiration & par l'amour ; les
Montesquieu, les Fontenelle & les Maupertuis,
accourent à sa voix, ces grands hommes deviennent
nos confrères ; & lorsque la mort nous les enléve,

F

lorfqu'avec toute l'europe nous célébrons leur vie , lorfque nous pleurons leur perte , notre Augufte Fondateur toujours attentif fur fon ouvrage, trouve bien-tôt les moyens de la réparer.

Un de ces noms illuftres dès les tems les plus reculés de la Monarchie Françoife ; un nom qui s'eft rendu cher & célébre dans les trois principaux Etats de cette nation , va déformais décorer la lifte de la Société que Stanislas a fondée. Vous paroiffez au milieu de nous, Monfieur, & nous allons partager avec prefque toutes les Académies de l'europe l'honneur de vous pofféder.

Les lettres ont long-tems difputé à la politique la gloire de fixer un génie, fait pour éclairer tous les objets auquels il devoit fe porter ; mais vous vous êtes confacré, Monfieur, aux objets les plus utiles, & vous n'avez pu donner aux mufes que les loifirs que vous a ménagés votre heureufe facilité pour les grandes affaires.

Une illuftre carrière glorieufement parcouruë dans un âge où d'autres la commencent à peine, ne fuffifoit pas à votre ardeur pour le bien de votre patrie ; cette patrie vous appelle à de nouveaux travaux, vous y volez.....

Suivez votre belle deftinée , Monfieur , & venez couvert d'une nouvelle gloire, recevoir au milieu de cette Société les applaudissemens de toute l'europe, & jouir plus long-tems à la Cour de STANISLAS, de la plus digne récompense du vrai mérite, de l'amitié d'un sage adoré de tout l'univers.

LE choix de notre fondateur, Monsieur, *est trop glorieux pour vous, pour que je n'avoüe pas qu'en s'accordant avec nos désirs, il a précédé l'unanimité de nos suffrages. Ministre de la vérité, vous l'aviez annoncée dans le lieu saint avec la simplicité majestueuse qui la caractérise; touchante, persuasive dans votre bouche éloquente, le Roi, devant qui vous parliez, l'a reconnuë telle qu'elle a toujours regné dans son cœur; plus occupé à répandre une vive lumière sur ses préceptes, que sur des mistères sacrés, où l'œil de l'homme ne peut pénétrer, les traits les plus forts & les plus touchans, l'expression la plus noble & la plus élégante, un feu rapide dont la source est dans votre cœur, & que vous faisiez passer dans les nôtres, tout vous assuroit le plus brillant succès; tout a concouru au grand objet que votre zèle ardent s'étoit proposé : c'est ainsi que vous nous aviez déja prouvé, Monsieur, que le talent d'annoncer aux hommes les plus grandes vérités, est un de ces dons que l'on reçoit du ciel, & qui

* M. l'A
Guyot.

F ij

caractérifent le génie ; c'eſt ainſi qu'animé par le zèle & par la préſence d'un Prince également réligieux & éclairé, ce don ſublime ſe développoit alors avec de nouvelles forces, & devoit ſe faire ſentir à vous-même plus rapide, plus pathétique & plus lumineux que jamais.

Puissiez vous, Monſieur, aſſiſter ſouvent à nos aſſemblées, & nous enrichir de vos écrits; mais comment oſer l'eſperer ? le ſervice d'un grand Prince, digne petit-fils de S. Louis & de Henri IV. vous attache auprès de ſa perſonne, autant par le cœur que par le devoir ; je ſens par moi-même à quel point ceux qui ſervent la Maiſon d'Orléans, doivent être attachés à leurs Maîtres ; élevé dans leur palais, j'ai vu mes peres & mes oncles comblés de leurs bienfaits ; & les premiers ſentimens qu'ait éprouvé mon cœur, ſont l'admiration, le reſpect & l'amour que j'ai voüés aux Héros de cet auguſte ſang: du moins, Monſieur, intéreſſez-vous vivement aux ſuccès d'une Compagnie, dans laquelle vous entrez ſous les plus heureux auſpices. Dédommagez-nous du plaiſir de vous entendre, par une correſpondance qui nous ſera toujours auſſi inſtructive qu'agréable.

Utile à votre patrie, cher à des amis éclairés,
philosophe profond & modeste, vous vous êtes
trop long-tems dérobé, Monsieur, au désir que
la Société Royale avoit de vous acquérir.

Assemblés pour procéder à de nouvelles
élections, dans l'instant même où nous commen-
cions à déliberer, on entend prononcer votre
nom, il vole de bouche en bouche, notre accla-
mation générale vous appelle aussi-tôt parmi
nous, & j'obtiens de la Compagnie l'honneur
& le plaisir d'aller vous annoncer son choix.

Je ne rappellerai point ici, Monsieur, tout ce
que vous avez fait pour enrichir un Monument
qui doit être regardé comme les archives de
l'esprit humain, Monument digne d'un siécle
éclairé, & qui renferme tout ce que les hommes
doivent aux sciences, aux arts & à la littérature;
des ouvrages plus précieux encore pour nous,
méritent toute l'attention & la réconnoissance
de vos concitoyens; vous leur avez fait connoître toutes les richesses, toutes les ressources de
ces belles & vastes Provinces, vous en avez connu
les productions en observateur exact; vous mon-
trez quel en doit être l'usage en homme d'état
& en philosophe; venez aujourd'hui, Monsieur,
partager avec nous les richesses que vous avez

M. Duriv.

raſſemblées ; aidez-nous à les multiplier encore. Vous rempliſſez trop dignement tous les devoirs des places que vous occupés , pour négliger ceux que la Société Royale oſe attendre de vous.

Les autres confrères que nous acquérons aujourd'hui , ne nous coûteront que trop ſouvent de juſtes regrets ; nous eſperons peu le plaiſir de les voir aſſiſter à nos ſéances ; mais ſi nous ſommes privés de leurs ſecours , du moins nous ſommes ſûrs qu'ils porteront la gloire & l'amour de STANISLAS , dans les lieux qu'ils habitent ; ils s'y occuperont des mêmes travaux que nous nous ſommes impoſés ; ils le rendront utiles. Ils rempliront ainſi l'objet de notre inſtitution.

De'ja les belles lettres doivent à M. de Neuville que nous recevons aujourd'hui , pluſieurs ouvrages qui font honneur à la Lorraine où il reçut le jour.

Connoissant toute l'importance de donner des définitions préciſes , & philoſophiques de tous les mots qui ſervent à l'étude de la morale , M. de Neuvillé en a fait un Dictionnaire raiſonné , ouvrage néceſſaire à la jeuneſſe , utile même dans tous les tems de la vie.

L'esprit de définition , quand il eſt lumineux , eſt un des caractères les plus ſublimes d'un beau génie ; c'eſt par lui que toute idée ſe peint dans toute ſon énergie & ſa ſimplicité, il la dégage de tout acceſſoire frivole , de toute interprétation dangereuſe ; il la diſtingue, il la ſépare de tout ce qui n'eſt point de ſon eſſence , il aſſigne la place qu'elle doit occuper dans la chaine du raiſonnement ; il nous fait connoître toute ſa force, il nous donne l'art de l'employer utilement.

M. le Comte de Cornullier , un des hommes de l'europe le plus profond dans les belles lettres anciennes & modernes , a trop bien reconnu STANISLAS , dans le beau portrait qu'Iſocrate nous a laiſſé d'Evagore , pour ne pas déſirer d'être admis dans une Société fondée par un Sage couronné.

EN conſidérant tout le pouvoir que les fables Miléſiennes eurent ſouvent ſur les Grecs pour les porter à la vertu, épris des charmes répandus dans le Télémaque, dans le Grandiſſon & dans pluſieurs Romans Anglois, Eſpagnols & François, M. le Comte de Cornullier s'attache dans ſon diſcours à trouver les moyens de perfectionner le fonds & l'uſage de cette agréable partie de la littérature ; cet objet eſt vraiement digne des régards & des ſoins d'un philoſophe, puiſque la jeuneſſe curieuſe, & attentive au récit des faits , peut puiſer dans cette ſource (lorſqu'elle eſt épurée) des principes d'honneur, & l'amour de la gloire & de la vertu.

our Meſſieurs ubenton.

DES travaux couronnés par toutes les Académies , & par la reconnoiſſance publique , paroiſſent aux yeux éclairés de STANISLAS ; ce Prince voit qu'ils ſont dus à des ſavans d'un nom depuis long-tems célébre, & honoré en différens Etats par la confiance des plus grands Rois ; c'en eſt aſſez pour que notre Auguſte Fondateur déſire ſe les attacher, il appelle M M. d'Aubenton dans cette Académie, il ſe plaît à rendre en eux une eſpéce d'hommage au génie obſervateur, il le couronne de ſa main dans ceux qui ſe ſont dévoüés aux travaux de ce génie ſage, laborieux & ami de l'humanité, & les deux d'Aubenton ſont admis aujourd'hui parmi nous.

AUBENTON ! nom inſéparable du nom illuſtre que je vais annoncer, vous ſerez immortel avec lui.

Pour M. de ffon.

O Muſes ! & toi puiſſant génie , dont les regards pénétrent juſques dans le ſein des ſphères céleſtes ; toi dont les ailes embraſſent toute la nature ; toi pour qui dans l'immenſité des êtres, nuls principes, nuls reſſorts, nulles combinaiſons ne ſont cachées, ſoutiens ma foible voix ; ou plûtôt

plûtôt prête moi la tienne pour annoncer à la Lorraine, que l'immortel Buffon obéit aux premiers ordres de Stanislas. Viens, génie puiſſant, préſider à des travaux, que mon illuſtre ami veut aujourd'hui partager avec nous, embraſes nous comme lui de ce feu vainqueur qui franchit tous les eſpaces, qui détruit, qui conſume tout ce qui s'oppoſe à ſes efforts, & qui nous entraîne rapidement vers le ſéjour radieux de la vérité ! O Stanislas, ô mon Maître ! vous qui répandez la félicité ſur tous les jours de ma vie, c'eſt donc à Vous que je dois encore le bonheur de rendre un hommage public au grand homme qui daigna ſi ſouvent m'éclairer ! C'eſt pour vous qu'il deſcendra bien-tôt du Mont-bard, de ce Mont au pied duquel la Seine commence à rouler ſes flots & à porter l'abondance, Mont terrible autrefois, où le ſanglant Theutates eut des autels ; mais aujourd'hui couronné de platanes, embelli par la main d'un ſage, afile agréable & ſacré, où chaque ſcience différente a ſon autel & ſon culte, où l'hymen même toujours paré de fleurs ſe plaît à ſerrer la chaine qu'il a formée. O Stanislas, je verrai mon ami, quitter cette belle retraite, accourir à vos pieds, baiſer vos mains laborieuſes, admirer leurs ouvrages, lire vos sublimes écrits ; tous mes sentimens passeront dans son cœur ; j'entendrai sa voix s'unir aux nôtres pour vous célébrer, & vous recevrez de nous un hommage aussi pur que l'encens qui fut offert aux Antonins par l'univers heureux sous leur empire.

www.ingramcontent.com/pod-product-compliance
Ingram Content Group UK Ltd.
Pitfield, Milton Keynes, MK11 3LW, UK
UKHW022213070726
13613UKWH00004B/1625